BEI GRIN MACHT SICH IHR WISSEN BEZAHLT

- Wir veröffentlichen Ihre Hausarbeit,
  Bachelor- und Masterarbeit

- Ihr eigenes eBook und Buch -
  weltweit in allen wichtigen Shops

- Verdienen Sie an jedem Verkauf

Jetzt bei www.GRIN.com hochladen
und kostenlos publizieren

Verena Schmidt, Anna Brinkmann

Messen und Bewerten der Nachhaltigkeitsleistung „Attraktivität" in der Schulverpflegung

GRIN Verlag

Bibliografische Information der Deutschen Nationalbibliothek:

Die Deutsche Bibliothek verzeichnet diese Publikation in der Deutschen National-
bibliografie; detaillierte bibliografische Daten sind im Internet über http://dnb.d-
nb.de/ abrufbar.

Dieses Werk sowie alle darin enthaltenen einzelnen Beiträge und Abbildungen
sind urheberrechtlich geschützt. Jede Verwertung, die nicht ausdrücklich vom
Urheberrechtsschutz zugelassen ist, bedarf der vorherigen Zustimmung des Verla-
ges. Das gilt insbesondere für Vervielfältigungen, Bearbeitungen, Übersetzungen,
Mikroverfilmungen, Auswertungen durch Datenbanken und für die Einspeicherung
und Verarbeitung in elektronische Systeme. Alle Rechte, auch die des auszugsweisen
Nachdrucks, der fotomechanischen Wiedergabe (einschließlich Mikrokopie) sowie
der Auswertung durch Datenbanken oder ähnliche Einrichtungen, vorbehalten.

Impressum:

Copyright © 2012 GRIN Verlag GmbH
Druck und Bindung: Books on Demand GmbH, Norderstedt Germany
ISBN: 978-3-656-43869-4

Dieses Buch bei GRIN:

http://www.grin.com/de/e-book/215512/messen-und-bewerten-der-nachhaltigkeits-
leistung-attraktivitaet-in-der

GRIN - Your knowledge has value

Der GRIN Verlag publiziert seit 1998 wissenschaftliche Arbeiten von Studenten, Hochschullehrern und anderen Akademikern als eBook und gedrucktes Buch. Die Verlagswebsite www.grin.com ist die ideale Plattform zur Veröffentlichung von Hausarbeiten, Abschlussarbeiten, wissenschaftlichen Aufsätzen, Dissertationen und Fachbüchern.

Besuchen Sie uns im Internet:

http://www.grin.com/

http://www.facebook.com/grincom

http://www.twitter.com/grin_com

Hausarbeit

Messen und Bewerten der Nachhaltigkeitsleistung „Attraktivität" in der Schulverpflegung

Masterstudiengang Nachhaltige Dienstleistungs- und Ernährungswirtschaft

NW17 - Nachhaltige Verpflegungsdienstleistungen

1. Studierende: Brinkmann Anna
2. Studierende: Schmidt Verena-Christina

Abgabedatum : 14.06.2012

Inhalt

Abbildungsverzeichnis

Abb. 1:

Abb. 2:

Abkürzungsverzeichnis

BLE	Bundesanstalt für Landwirtschaft und Ernährung
BMELV	Bundesministeriums für Ernährung, Landwirtschaft und Verbraucher-schutz
BMU	Bundesministerium für Umwelt, Naturschutz und Reaktorsicher-heit
BVE	Bundesvereinigung der Deutschen Ernährungsindustrie
DGE	Deutsche Gesellschaft für Ernährung
FKE	Forschungsinstituts für Kinderernährung
KMK	Kultusministerkonferenz
UK-NRW	Unfallkasse Nordrhein-Westfalen
VZ- NRW	Verbraucherzentrale Nordrhein-Westfalen

Anmerkung: Die inhaltliche Ausarbeitung erfolgte von der Gruppe gemeinschaftlich und zu glei-chen Teilen, nur die Formulierung wurde jeweils von den Einzelpersonen vorgenommen und ist im Text kenntlich gemacht.

1 Einleitung   (Formulierung V.-Ch. Schmidt)

1.1 Problemstellung

Die vorliegende Arbeit beschäftigt sich mit der Thematik von Nachhaltigkeit in der Schulverpflegung und mit dessen Schwerpunkt der „Attraktivität" bzw. „Akzeptanz" des dortigen Angebotes. Das Verpflegungsangebot richtet sich hierbei vor allem an die Schüler[1], darüber hinaus aber auch an Lehrer und weitere Mitarbeiter der Schulen. Attraktivität im Sinne einer Akzeptanzförderung wird in diesem Zusammenhang als besondere Nachhaltigkeitsleistung betrachtet, denn laut Lülfs und Spiller (2006) fällt das Ergebnis von Schülerbefragungen zum Thema „Zufriedenheit mit der Verpflegung" im Vergleich zu anderen Gemeinschaftsverpflegungseinrichtungen relativ schlecht aus. Während die jüngeren Schüler noch einigermaßen zufrieden mit ihrer Verpflegungssituation sind, lässt die Akzeptanz mit zunehmendem Alter deutlich nach. Insbesondere die geschmacklichen Aspekte sowie eine unwirtliche Atmosphäre und Serviceschwächen werden vermehrt negativ beurteilt. (Lülfs & Spiller 2006: 15f.) Dabei nimmt die Verpflegung in Schuleinrichtungen einen immer größer werdenden Stellenwert in dem Lebens- und Erfahrungsraum von Schülern ein (DGE 2009: 6).

Durch die aktuelle deutsche Bildungspolitik, wie beispielsweise der zunehmenden Einrichtung von Ganztagsschulen, wird die traditionell von der Familie übernommene Aufgabe der Mahlzeitenversorgung immer häufiger zur Aufgabe der Schule. Zudem wachsen Kinder in einer Lebenswelt auf, die große Herausforderungen an den Erhalt ihrer Gesundheit und an die Entwicklung von sozialen Beziehungen stellt. (DGE 2009: 6) Denn das Basismotiv für „Essen" hat sich in den letzten Jahrzehnten stark verändert. Galt es um das Jahr 1950 herum „satt zu werden", so stehen heute durch die ständige Verfügbarkeit von Lebensmitteln Werte wie Natürlichkeit, Nachhaltigkeit und Regionalität im Vordergrund. Der Begriff der Nachhaltigkeit ist dabei vor allem in der Öffentlichkeit vielfältig definiert und diskutiert. (BVE 2012)

Schulen wird durchaus großes Potenzial zugesprochen, einen besonderen Rahmen für die Ernährung zu bieten. In diesen kann sowohl das Wissen über den richtigen Umgang mit Lebensmitteln erlernt als auch das Erlebnis eines gemeinsamen Essens mit Freunden erfahren werden (DGE 2009: 4). Um eine möglichst objektive Einschätzung von Attraktivität in der Schulverpflegung und deren Vergleichsmöglichkeiten gewährleisten zu können, werden in dieser Arbeit insbesondere quantitative Messmethoden thematisiert.

---

[1] Zur leichteren Lesbarkeit des Textes wurde nicht immer die männliche und weibliche Form von Personen bezogenen Hauptwörtern gewählt. Eine Benachteiligung des jeweils anderen Geschlechts ist damit keinesfalls beabsichtigt. Frauen und Männer werden gleichermaßen angesprochen.

1.2 Inhaltliches und methodisches Vorgehen

In Kapitel zwei wird zunächst die aktuelle Situation der Schulverpflegung in Deutschland und deren Bezug zur Nachhaltigkeit dargestellt. Besonderer Wert liegt hierbei, wie bereits erwähnt, auf dem Aspekt der Attraktivität und den damit verbunden Herausforderungen für die Anbieter von Schulverpflegung. Anschließend wird der Fokus auf das Messen und Bewerten der Attraktivität gelenkt, um deren Kriterien und Indikatoren zu benennen und mittels quantitativer Messmethoden zu analysieren. Auch die Möglichkeit der Zertifizierung von Schulverpflegung wird in diesem Zusammenhang aufgegriffen. Anhand des Fallbeispiels der Erich-Fried-Gesamtschule Ronsdorf wird die praktische Umsetzung der angesprochenen Aspekte verdeutlicht und im Anschluss diskutiert.

Die methodischen Grundlagen dieser Arbeit sind die Literaturrecherche in Datenbanken, Bibliotheken und im Internet sowie ein persönliches Gespräch mit den Verantwortlichen des Mensavereines der Gesamtschule Ronsdorf.

2 Schulverpflegung in Deutschland   (Formulierung V.-Ch. Schmidt)

2.1 Aktuelle Situation

Ein qualitativ hochwertiges und schmackhaftes Essen gilt als Garantie für gute Laune, Zufriedenheit und Leistungsfähigkeit, doch ist ein solches Essen im Schulalltag keine Selbstverständlichkeit (DGE 2009: 4; DGE 2011a:10). So ergab eine Studie der Hochschule Niederrhein, dass derzeit über 90 Prozent der Schulen in Deutschland die Qualitätsstandards an gesundes Essen nicht erfüllen (AG-Schulverpflegung 2012a). Die Speisen werden demnach zu lange warmgehalten, so dass wertvolle Nährstoffe verloren gehen und die Keimbelastung auf ein unakzeptables Maß steigt. Zudem wird das Geschehen laut der genannten Studie momentan eher durch „amateurhafte Improvisation" bestimmt, statt durch geschultes Fachpersonal. (AG-Schulverpflegung 2012b)

Um diesen Missständen vorzubeugen und eine ausgewogene und schmackhafte Verpflegung in Schulen zu verwirklichen, sind laut DGE (2011b) gesetzliche Vorgaben und Regelungen nötig. Doch auf Landesebene gibt es bis auf wenige Ausnahmen keine rechtlichen Richtlinien oder sonstige Vorgaben zur Schulverpflegung. (DGE 2011b: 136) Fest steht nach einem Beschluss der Kultusministerkonferenz nur, dass eine Mittagsverpflegung in Deutschland an Ganztagsschulen vorgeschrieben ist. Diese sind jedoch neben der traditionellen Halbtagsschule in Deutschland weniger verbreitet (KMK 2011: 328).

Von 2003 bis 2009 stellte der Bund den Ländern im Rahmen des Investitionsprogramms „Zukunft Bildung und Betreuung", Investitionsmittel in Höhe von vier Milliarden Euro für den bedarfsgerechten Auf- und Ausbau von Schuleinrichtungen in Ganztagsform zur Verfügung. Gefördert wurden durch dieses Programm deutschlandweit rund 8.000 Schulen. In diesem Zusammenhang konnte ein starker Anstieg der Zahl an Schulen mit Ganztagsbetrieb beobachtet werden. (KMK 2011: 117f.)

Für die Zurückhaltung der Bundesländer bezüglich der Erstellung verbindlicher Vorgaben für die Schulverpflegung findet sich unter anderem folgende Erklärung:

> „Die Schulverpflegung [fällt] grundsätzlich als sogenannte „äußere" Schulangelegenheit in die Verantwortlichkeit der kommunalen Schulträger. [...]. Verbindliche Vorgaben der Bundesländer über beispielsweise die ernährungsphysiologische Qualität einer Mittagsverpflegung hätten aufgrund des „Konnexitätsprinzips" zur Folge, dass die Bundesländer dann auch die Kosten der Schulverpflegung zu tragen hätten."
>
> (Seegers 2007: 12)

Für die Qualität und auch die Auftragsvergabe zur Schulverpflegung gibt es lediglich unverbindliche Empfehlungen wie beispielsweise die „Qualitätsstandards für die Schulverpflegung" der DGE, die im Rahmen des Projektes „Schule+Essen=Note 1" entwickelt wurden. Diese Qualitätsstandards richten sich einerseits an Entscheidungsträger und Verantwortliche, andererseits aber auch an diejenigen, die die Verpflegung bereitstellen, also unter anderem Caterer, Pächter, Elterninitiativen und Schülerfirmen. (DGE 2011b: 136f.) Auch zu nennen ist in diesem Zusammenhang die Initiativmaßnahme „Vernetzungsstellen Schulverpflegung" des BMELV und der Bundesländer. Im Rahmen des Nationalen Aktionsplans „IN FORM" werden hiermit Schulen (in einigen Ländern auch Kitas) bei der Gestaltung eines gesunden Verpflegungsangebotes unterstützt. Die Vernetzungsstellen bauen Netzwerke zwischen Behörden, Wirtschaftsbeteiligten, Schulträgern, Schulleitungen sowie Lehrkräften und Eltern auf und machen die „Qualitätsstandards für die Schulverpflegung" der DGE bekannt. (BLE 2012)

Die wachsende Bedeutung der Schulverpflegung ist also auf der einen Seite eine Chance zur positiven Beeinflussung des Ernährungsverhaltens von Kindern und Jugendlichen, stellt auf der anderen Seite aber auch eine große Herausforderung für alle beteiligten Akteure dar. Die zersplitterte Zuständigkeit für die Schulverpflegung in

Deutschland erschwert die Aufgabe, ein vollwertiges, ökonomisch machbares und (geschmacklich) akzeptiertes Verpflegungsangebot zu realisieren. (DGE 2011b: 138)

2.2 Bezug zur Nachhaltigkeit

Einst ein Prinzip der Forstwirtschaft des 18. Jahrhunderts hat sich die Nachhaltigkeit zu einem Leitbild für das 21. Jahrhundert entwickelt. Der Kerngedanke besteht darin, dass zukünftige Generationen dieselben Chancen auf ein erfülltes Leben haben wie die heute lebenden Menschen. Gleichzeitig sollen Chancen für alle Menschen auf der Erde fairer verteilt werden. Der Begriff der „Nachhaltigen Entwicklung" verbindet somit wirtschaftlichen Fortschritt mit sozialer Gerechtigkeit und dem Schutz der natürlichen Umwelt. (Deutsche UNESCO-Kommission e.V. 2012) Das Konzept wird daher üblicherweise durch die Formulierung von ökologischen, ökonomischen und sozialen Zieldimensionen konkretisiert. Im Bereich Ernährung hat auch der gesundheitliche Aspekt eine zentrale Bedeutung und wird daher oftmals als eigenständige vierte Dimension aufgeführt. (Erdmann et al. 2003: 38)

Das Bundesumweltministerium benannte 2008 in einer Studie die Megatrends der Nachhaltigkeit: Auf der ökologischen Seite sind dies der Klimawandel, die Ressourcenverknappung, der globale Süßwassermangel, der Biodiversitätsverlust sowie Entwaldung und Wüstenbildung. Auf der sozialen Seite sind der demografische Wandel, das weltweite Bevölkerungswachstum und die Zunahme von Armut bedeutende Trends. (BMU 2008: 6) Die Herausforderung für Akteure der Gemeinschaftsverpflegung, wie Großküchen, Restaurants und Hotels, ist eine ganzheitliche Bewältigung dieser Problemstellungen. Es geht darum, eine Verpflegungsleistung zu gestalten und anzubieten, die gleichermaßen für den Kunden attraktiv und für den Betreiber wirtschaftlich tragfähig ist, mit der die Gesundheit und Leistungsfähigkeit aller Mitarbeiter erhalten und gefördert wird und die schließlich den aktuellen ökologischen und ethischen Anforderungen genügt (a´verdis 2012a). Durch die besondere Stellung der Schule in der Lebenswelt von Kindern und Jugendlichen (DGE 2009: 6), kommt ihr in diesem Zusammenhang eine zentrale Aufgabe bei der Vermittlung von sozialen Werten, Gleichberechtigung und einem nachhaltigen Lebensstil zu (Berlakovich 2009: 3).

Ausgehend vom üblichen Modell für Nachhaltigkeit, hat das Beratungsunternehmen a´verdis ein eigenes Nachhaltigkeitsmodell für die Außer-Haus-Verpflegung entwickelt. Das „a´verdis-Haus" (vgl. Abb. 1: 5) orientiert sich eng an der Praxis gastronomischer Betriebe und besteht aus Fundament, tragenden Wänden und schützendem Dach. Die Wirtschaftlichkeit stellt dabei das Fundament für jeden erfolgreichen Betrieb dar.

Attraktivität und Gesundheit bilden die tragenden Eckpfeiler, während das schützende Dach auf den Aspekten der Ökologie und Gerechtigkeit basiert. (Roehl & Strassner 2010: 37) Da der Fokus in der vorliegenden Arbeit auf dem Kriterium der Attraktivität liegt, wird diese im Folgenden näher erläutert.

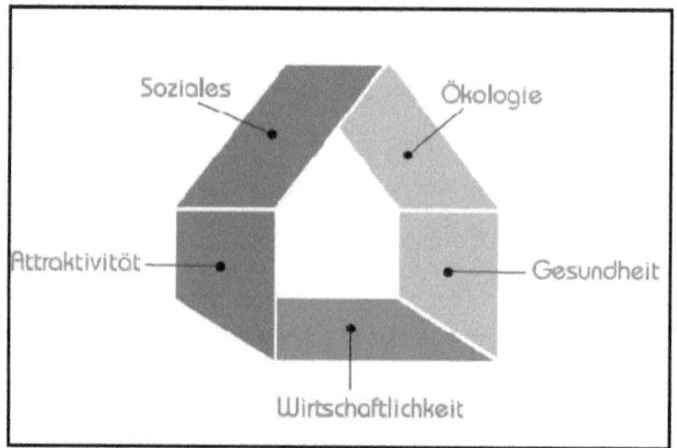

Abb. 1: Das a'verdis-Haus als Nachhaltigkeitsmodell der Außer-Haus-Verpflegung
Quelle: a´verdis 2012b

2.3 Herausforderung „Attraktivität"

Attraktivität bedeutet im Sinne des hier zuvor erläuterten Nachhaltigkeitsmodells, dass die Verpflegungsleistung auf qualitativ hochwertige Speisen, eine hohe Servicequalität und ein angenehmes Umfeld ausgerichtet ist, um eine hohe Akzeptanz des Verpflegungsangebotes zu erreichen (Roehl & Strassner 2012: 14).

Wie anhand des a´verdis Haus erläutert (siehe Kap. 2.2), nimmt die Attraktivität eine zentrale Stellung in der Gemeinschaftsverpflegung und somit auch in der Schulverpflegung ein. Denn ein gesundheitsorientiertes Speisenangebot, kostenoptimierte Konzepte und ökologische Maßnahmen werden nur dann erfolgreich sein, wenn der Gast die Speisen in einem angenehmen Ambiente genießen kann (Roehl & Strassner 2012: 14).

Die angebotenen Mahlzeiten und deren Einnahme stehen stets in Zusammenhang mit vielfältigen Erwartungen und Anforderungen. So sollen sie die körperliche und geistige Leistungsfähigkeit unterstützen, Ausgleich schaffen und die Kommunikation fördern, einen aktiven Beitrag zur persönlichen Ernährungsgestaltung leisten und zudem gut schmecken, qualitativ hochwertig und ansprechend angerichtet sein. (Winkler 2010: V-7) Diese Anforderungen sind nicht nur vielgestaltig, sondern auch zum Teil gegenläufig, was eine besondere Herausforderung für die Verpflegungsdienstleister bedeutet. Die Attraktivität und Akzeptanz der Verpflegung in Schulen und die damit verbundene tatsächliche Essenszahl hängt zudem von weiteren Faktoren ab. Beispielsweise spielen ein alters- und gendergerechter, abwechslungsreicher und nicht vorhersehbarer Speiseplan sowie die Identifikation der Schule mit ihrer Mensa und der freundliche, situationsgerechte Umgang des Mensapersonals mit seinen Gästen eine wichtige Rolle. Nur einen geringen Einfluss hat dagegen der Gesundheitswert des Angebotes. Lange Wartezeiten, Lärm und „unfreundliches" Personal sind die Hauptgründe, warum Schüler, aber auch Lehrpersonal nicht an der Mittagsverpflegung teilnehmen. Eine langfristig attraktive Schulverpflegung verlangt daher ein kontinuierlich hohes Engagement aller Beteiligten. (Winkler 2010: V-7)

3. Messen und Bewerten von Attraktivität (Formulierung A. Brinkamnn)

Die Nachhaltigkeitsleistung „Attraktivität" trägt grundlegend zur Akzeptanz von Schulverpflegung bei (vgl. Kap. 2). In diesem Zusammenhang forderte die DGE im Auftrag des BMELV in ihrer Veröffentlichung „Qualitätsstandards für die Schulverpflegung" schon im Jahr 2007 (DGE 2007) wohlschmeckende Speisen, helle Essensräume, „ein freundliches, ansprechendes Ambiente und eine geräuschmindernde Umgebung" (gv-Praxis 2008). Da das Speisenangebot der Schulmensen jedoch aufgrund eines niederen Genusswertes oder einer unangenehmen Atmosphäre der Speiseräume häufig nicht in Anspruch genommen wird, ist es wichtig, die vorherrschenden Bedingungen und Missstände zu analysieren und zu verbessern (Lülfs & Spiller 2009: 513).

Eine Untersuchung der Georg-August-Universität Göttingen stellte heraus, dass Geschmack und Qualität des Essens (also die Sensorik), die Gestaltung der Kantine (das Ambiente) sowie Service und Organisation als bedeutende Faktoren aufzuführen sind, die zur Zufriedenheit der Tischgäste beitragen (Lülfs & Spiller 2006: 14).

Im Folgenden werden beispielhaft die Kriterien Sensorik und Ambiente dargestellt und quantitative Messmethoden spezifischer Indikatoren beschrieben. Zusätzlich wird die Bedeutung von Zertifizierungen im Rahmen von Nachhaltigkeitsleistungen in der Profiküche dargestellt.

3.1 Quantitative Messung spezifischer Kriterien und Indikatoren

Durch quantitative Messmethoden können relative Wertbeiträge einzelner Indikatoren hinsichtlich einer Gesamtwahrnehmung ermittelt werden (Farsky 2007: 7). Dabei können bestimmte Bedingungen und Verhaltensweisen zahlenmäßig untersucht und numerisch beschrieben werden. Somit sind quantitative Messmethoden „ideal, um objektive Daten über die Zeit zu vergleichen und daraus Entwicklungen ablesen" zu können. (Winter 2000)

In der Praxis – bezogen auf die Schulverpflegung – können solche quantitativen Messungen beispielsweise zur Erhebung des Ist-Zustandes der Schulmensen beitragen und eine objektive Bewertung dieser ermöglichen. Durch die aus den Untersuchungen resultierende Transparenz, können Missstände in Hinblick auf die jeweilige Verpflegungssituation behoben und Verbesserungspotenziale erkannt werden. (Roehl & Strassner 2012: 21)

3.1.1 Sensorik

Zu dem Kriterium „Sensorik" zählen wichtige qualitätsbestimmende Eigenschaften wie Farbe, Geruch, Geschmack, Form, Zartheit, Reife und Genusswert der Speisen (Oltersdorf 2009). Überdies lassen sich auch mithilfe des Indikators „Temperatur" Rückschlüsse auf die hygienische, ernährungsphysiologische sowie sensorische Qualität des Verpflegungsangebotes ziehen (DGE 2011a: 19; 30) Diese können quantitativ wie folgt gemessen werden:

Sensorische Tests: Definierte Prüfverfahren durchgeführt von geschultem Personal

Die Rezeptoren der Sinnesorgane rufen bei entsprechendem Reiz eine Nervenerregung hervor, die vom zentralen Nervensystem ausgewertet und interpretiert wird. Auf diese Weise wird eine bewusste Wahrnehmung erzeugt. Beruhend auf vergangenen Erfahrungen, dem derzeitigen Gemütszustand und persönlichen Vorlieben, fallen die Eindrücke die ein Mensch beim Essen erlangt, unterschiedlich aus. (Lebensmittellexikon 2012)

Diese subjektiv empfundenen Wahrnehmungen können im Falle einer quantitativen Messung in definierten Prüfverfahren mit Hilfe speziell geschulten Prüfpersonen quantifiziert und bewertet werden. Dadurch wird der Lebensmittelsensorik ein wissenschaftlich-analytisches Fundament zugetragen und sie wird statistisch abgesichert. (Oltersdorf 2009)

Temperaturmessungen und Warmhaltezeiten

Der Indikator „Temperatur des Speisenangebotes" zählt einerseits in die Hygieneanforderungen der DIN 10508 „Lebensmittelhygiene – Temperaturen für Lebensmittel" an die Schulverpflegung, beeinflusst andererseits aber auch die sensorische Attraktivität des Speisenangebotes. Laut Hygieneanforderungen sind Warmhaltetemperaturen von mindestens 65 °C und eine Warmhaltedauer von maximal drei Stunden zur Vermeidung lebensmittelbedingter Infektionen einzuhalten. Für Salate und kalte Speisen gilt eine Richttemperatur von 7 °C. (DGE 2011a: 30) Die Warmhaltezeit zubereiteter Speisen von drei Stunden stellt dabei einen Maximalwert dar, der laut Expertenmeinung inakzeptabel ist (Vernetzungsstelle Schulverpflegung Bayern 2012). Besser sollte das Warmhalten der Speisen nicht viel länger als 30 Minuten betragen (DGE 2011a: 30). Aber nicht nur durch zu lange Warmhaltezeiten, auch durch ein Warmhalten bei zu niedriger oder zu hoher Temperatur sinkt der Genusswert der Speisen (Vernetzungsstelle Schulverpflegung Bayern 2012).

Um ein Speisenangebot von angemessener Qualität darzubieten, sollten Temperaturkontrollen mit den geeigneten Messinstrumenten und deren Dokumentation erfolgen (Vernetzungsstelle Schulverpflegung Bayer 2012).

3.1.2 Ambiente

Schüler wie Lehrpersonal haben Anforderungen und Wünsche an die Raumgestaltung von Mensen. Diese können sich durchaus voneinander unterscheiden. Folgende Aspekte fördern das Wohlbefinden aller Beteiligten der breitgefächerten Zielgruppe von Schulmensen (Winkler 210: V-9):

- helle Räumlichkeiten mit ansprechender Möblierung und Ausstattung,
- Möglichkeiten zur eigenen Gestaltung (Ausstellungen, Wandmalereien, etc.),
- ausreichend Platz zum „gefahrlosen" Gehen mit vollen Tabletts,
- ausreichend Platz zum bequemen Sitzen und Essen (mindestens 1m²/Person oder gesplittete Essenszeiten) (Eissing et al. 2011: 75)
- eine ruhige, entspannte und ordentliche Ess-Situation (Winkler 210: V-9).

Im Folgenden werden die Indikatoren „Lärmpegel" sowie „Beleuchtungsstärke" näher erläutert und quantitative Bewertungsmöglichkeiten dieser dargestellt.

Lärmpegel

In Zusammenhang mit Schulmensen sind auch die akustischen Eigenschaften eines Raumes zu beachten. Der vorherrschende Lärmpegel der Speiseräume lässt sich im Allgemeinen in Dezibel messen. Eine wichtige weitere physikalische Größe ist hierbei die „Nachhallzeit", gemessen in Millisekunden. Sie definiert das Zeitintervall, innerhalb dessen der Schalldruck in einem Raum bei plötzlichem Verstummen der Schallquelle auf den tausendstel Teil seines Schalldruck-Anfangswertes abfällt. Dies entspricht einer Pegelabnahme von 60 Dezibel. Die Nachhallzeit ist somit ein Maß für die Halligkeit eines Raumes, die vom Raumvolumen, den Raumbegrenzungsflächen wie Decke,

Boden und Wänden sowie von der Möblierung und der Anzahl der Personen im Raum abhängt. Bezüglich des Anliegens, die Sprachverständlichkeit in den Speiseräumen zu erhöhen, ist es nötig, die Nachhallzeit durch entsprechende Vorkehrungen zu senken. (Braun et al. 2011: 412f.; Möser 2010: 167f.)

Beleuchtungsstärke

Das Wohlbefinden der Gäste in der Schulverpflegung kann durch die optimale Konzeption von Licht und Beleuchtung gefördert werden. Die verbindliche Vorgabe für die Beleuchtung von Speiseräume liegt nach der DIN EN 12464-1 „Licht und Beleuchtung, Teil 1: Beleuchtung von Arbeitsstätten in Innenräumen" bei 200 Lux. (Eissing et al. 2011: 73f.)

Um die optimale Beleuchtung in den Speiseräumen zu ermitteln, kann, so Gasser und Tschudy (2012), die Beleuchtungsstärke innerhalb eines Raumes mithilfe eines Luxmeters ermittelt werden. Dabei sollte der Raum möglichst abgedunkelt werden, damit das Tageslicht die Messung nicht beeinflusst. Auf diese Weise kann die tageslichtunabhängige Beleuchtung in den Speiseräumen ermittelt werden und somit auch eine gleichbleibend gute Beleuchtungsqualität im Speiseraum, die nicht von den äußeren Lichtverhältnissen abhängig ist, gesichert werden. Laut DIN zählen die Speiseräume in den Bereich der Arbeitsstätten, sodass die Beleuchtungsmessung nach Vorgabe auf Tischhöhe erfolgt. (Gasser & Tschudy 2012: 53)

Bezogen auf die Beleuchtung der Verpflegungsräume lassen sich zudem noch der Farbwiedergabe Index gemessen durch die Farbtemperatur in Kelvin sowie die Lichtfarbe in Kelvin quantitativ ermitteln (UK-NRW 2010: 139f.).

Über die soeben beschrieben Kriterien und Indikatoren hinaus, bieten sich noch weitere Aspekte zur quantitativen Erhebung von „Attraktivität" in der Schulverpflegung an. Dazu zählen beispielsweise die Analyse der Farbgebung, der Möblierung und Zoneneinteilung innerhalb der Speiseräume (Eissing et al. 2011: 72, 74f.), sowie die Erhebung der Teilnahmequote an der Mittagsverpflegung (VZ-NRW & Vernetzungsstelle Schulverpflegung NRW 2011: 30). Auf eine weitere Ausführung der genannten Themen wird jedoch aufgrund des eingeschränkten Umfangs dieser Arbeit verzichtet.

3.2 Zertifizierung

Durch die zunehmende Bedeutung der Schulverpflegung steigen auch die Ansprüche an dieselbe. Viele Schulen stehen vor der Herausforderung, die Qualität und Attraktivität ihrer Speisen sowie die ganzheitliche Gestaltung ihrer Räumlichkeiten und damit die

Akzeptanz ihres Verpflegungsangebotes zu verbessern. (Deutsches Ernährungsberatung und -informationsnetz 2012) Vor diesem Hintergrund wird es Anbietern von Schulverpflegung durch Zertifizierungen ermöglicht, ein qualitativ gutes Verpflegungsangebot auszeichnen zu lassen. Dies dient insbesondere der eigenen Qualitätssicherung und Dokumentation, wie auch der steigenden Zufriedenheit der Essensteilnehmer. (VZ-NRW 2012) Überdies können die Schulen die Zertifizierung zur Außendarstellung nutzen und sich somit von anderen Schulen abheben (DGE 2009: 17). Gute Qualität von Mittagsverpflegung wird auf diese Weise realisierbar und vergleichbar (Pelz 2011: 153). An dieser Stelle sind beispielhaft die Zertifizierungen „Schule+ Essen= Note 1" der DGE, die „optimiX"- Zertifizierung des Forschungsinstituts für Kinderernährung (FKE), die Zertifizierung „GanzTag & Essen Qualität" des Instituts für Gesundheitsförderung im Bildungsbereich e.V. sowie die „Kochmützen"-Zertifizierung der Arbeitsgemeinschaft Schulverpflegung der Hochschule Niederrhein zu nennen, die sich speziell auf die Bewertung von Schulverpflegung ausrichten (VZ-NRW 2012).

Um die Zertifizierung der Schulverpflegung zu erleichtern, werden häufig Checklisten und Leitfäden herausgegeben, die für die Verantwortlichen als Hilfestellung auf dem Weg zur Zertifizierung Anwendung finden können (VZ-NRW & Vernetzungsstelle Schulverpflegung NRW 2011: 5) So beispielsweise die Broschüren „Schule isst gesund. Schritt für Schritt zu einer optimalen Mittagsverpflegung", herausgegeben von der Verbraucherzentrale und der Vernetzungsstelle Schulverpflegung NRW, wie auch der „Qualitätsstandard für die Schulverpflegung" der DGE (VZ-NRW 2012; DGE 2011a). Eine Studie des FKE konnte jedoch im Jahre 2011 belegen, dass nur etwa 20 Prozent der Schulen (bezogen auf Schulen mit Ganztagsangebot in NRW) zertifiziert sind (vgl. Abb. 2: 11) (FKE 2011:45).

Letztendlich ist festzuhalten, dass die Anforderungen der Zertifizierung zwar einerseits eine enorme Herausforderung für die Schulverpflegung darstellt (Deutsches Ernährungsberatungs- und -informationsnetz 2012), andererseits jedoch auch großes Potenzial birgt. So kann durch die Steigerung der Attraktivität der Speisen und Rahmenbedingungen des Verpflegungsangebotes zum einen eine höhere Akzeptanz desselben erreicht werden. Zum anderen führt eine höhere Inanspruchnahme des Essensangebotes dazu, dass durch die steigende Teilnahmequote die Stückkosten sinken (VZ- NRW & Vernetzungsstelle Schulverpflegung NRW 2011: 17). So entsteht ein wirtschaftlicher Vorteil, der es ermöglicht, ökologische und ethische Anforderungen zu erfüllen und auf diese Weise einen Beitrag zur Nachhaltigkeit in der Schulverpflegung zu leisten (VZ- NRW & Vernetzungsstelle Schulverpflegung NRW 2011: 17; a´verdis 2012).

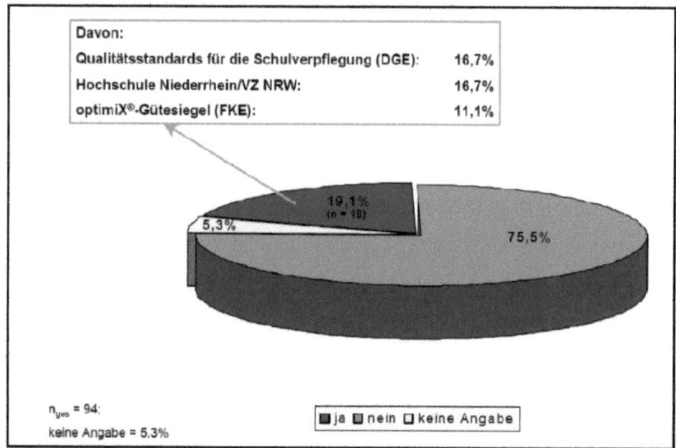

Abb. 2: Anteil und Art von Zertifizierung in der Schulverpflegung in Nordrhein-Westfalen
(Quelle: FKE 2011:45)

4 Praktische Umsetzung am Beispiel „Mensaverein Gesamtschule Ronsdorf"   (Formulierung V.-Ch. Schmidt)

Im vorangegangenen Abschnitt dieser Arbeit wurde die Relevanz von Attraktivität in der Schulverpflegung erläutert und beschrieben, wie diese quantitativ messbar und somit vergleichbar gestaltet werden kann. Den Grund dafür stellt die Annahme dar, dass die erhobenen Werte für „Attraktivität" das Aufdecken von Missständen sowie die Entwicklung von Handlungsansätzen erleichtern (vgl. Kap. 3.1). Am Beispiel der Erich-Fried-Gesamtschule Ronsdorf und dem zugehörigen Mensaverein soll nun die Umsetzung der Nachhaltigkeitsleistung „Attraktivität" in der Praxis dargestellt werden.

Die Gesamtschule Ronsdorf existiert seit dem Jahr 1979 und wurde 1983 baulich fertig gestellt. Ein Jahr später – 1984 – wurde der Mensaverein durch eine Elterninitiative ins Leben gerufen, mit dem Ziel, „den Schülerinnen und Schülern ein kindgerechtes, gesundes und schmackhaftes Essen zu bieten" (Mensaverein-Ronsdorf 2012a). Der Verein besteht aus einem Vorstand und einem Kontroll-Ausschuss, welche die Tätigkeiten regeln und kontrollieren (Mensaverein-Ronsdorf 2012b). Geschäftsführerin des Mensavereins ist Frau *Monika Windgasse*, die Küche wird von Herrn *Andreas Alischewski* geleitet. Versorgt wird nicht nur die eigene Schule, sondern darüber hinaus noch weitere Einrichtung wie die Gesamtschule Vohwinkel sowie mehrere Grundschulen und Kindergärten. In den Gesamtschulen Ronsdorf und Vohwinkel werden täglich zusammen über 1.100 Essen ausgeteilt. (Mensaverein-Ronsdorf 2012b) Insgesamt produziert die Küche für alle Beteiligten in Spitzenzeiten rund 3.000 Essen (Alischewski & Windgasse 2012). In Anbetracht der zuvor beschriebenen eher mangelnden Teilnahme an Schulverpflegung aufgrund fehlender Akzeptanz dieser (vgl. Kap. 1.1; 2.1; 3), kann die Teilnahmequote in der Gesamtschule Ronsdorf als enorm betrachtet werden (Alischewski & Windgasse 2012).

In einem persönlichen Gespräch mit den Verantwortlichen stellte sich heraus, dass die Einrichtung weitgehend auf quantitative Erhebungen zur Messung der Nachhaltigkeitsleistungen verzichtet. Wie vorgeschrieben, werden Hygienevorschriften wie Temperaturmessungen der Speisen durchgeführt und vorgeschriebene Temperaturen und Warmhaltezeiten eingehalten. Auf quantitativ erhobene sensorische Tests wird hingegen vollkommen verzichtet. Die nötigen Beurteilungen über die sensorische Qualität der Speisen finden in der Schulmensa der Gesamtschule Ronsdorf hauptsächlich über die direkte Kontaktaufnahme des Mensapersonals zu den Schülern bzw. Gästen statt. Weiterhin soll eine grundsätzlich hohe Qualität des Speisenangebotes durch die zeitnahe Zubereitung der Speisen vor dem Verzehr und dem hohen Anteil an biologisch erzeugten Produkten bei der Essenszubereitung gewährleistet werden. (Alischewski & Windgasse 2012) So stammen etwa 70 bis 75 Prozent der verarbeiteten Lebensmittel aus ökologischer Landwirtschaft – bei Rind- und Schweinefleisch ist der Prozentsatz gleich 100 (Mensaverein-Ronsdorf 2012c).

Beim Wareneinkauf wird generell die, auf nachhaltige Schulverpflegung ausgerichtete, bestmögliche Variante ausgewählt. Dies bedeutet, dass das Mensapersonal in einigen Fällen auch saisonale oder regionale Produkte bevorzugt, die nicht unbedingt aus ökologischem Anbau stammen. Da die Verwendung der ökologisch erzeugten Produkte immer aus Überzeugung des Mensateams resultiert und eine qualitativ hochwertige Verpflegung in diesem Zusammenhang im Vordergrund steht, erfolgt eine Zertifizierung nach EG-Öko-Verordnung erst in diesem Jahr. (Alischewski & Windgasse 2012)

Angeboten werden täglich wechselnde Speisen, jeweils zwei Gerichte mit Fleisch und ein vegetarisches Gericht zur Auswahl. Zudem können sich die Teilnehmer an Salat- und Nudelbar sowie an frisch zubereiteten Desserts und frischem Obst bedienen. Auch Automaten für Tafelwasser stehen bereit. (Mensaverein-Ronsdorf 2012c) Das Angebot umfasst ebenfalls eine Vollkornpizza-Ausgabe, welches die Schüler unterteilt nach Jahrgangsstufen alle 14 Tage in Anspruch nehmen können. Den Schülern, die an der Verpflegung teilnehmen, wird eine Tagespauschale von 2,85 Euro berechnet. Diese Pauschale gilt nicht für ein bestimmtes Gericht, sondern ermöglicht den Schülern sich so viel zu nehmen wie sie möchten – dies schließt das gesamte Angebot ein. Zudem ist zu erwähnen, das die Schüler entsprechend ihres Jahrgangs zeitversetzt essen gehen. Dies soll zu einer ruhigen und angenehmen Atmosphäre in der Mensa beitragen und lange Wartezeiten vermeiden. (Alischewski & Windgasse 2012)

Die Frische der Speisen wird in der Gesamtschule Ronsdorf durch eine „Headset-Verbindung" zwischen Ausgabe- und Küchenpersonal ermöglicht. So kann das Ausgabepersonal, wenn der Bedarf einer Speisenkomponente absehbar ist, diese Information an das Küchenteam weitergeben. Dort wird die jeweilige Komponente dann frisch zubereitet und anschließend zur Essensausgabe befördert. (Alischewski & Windgasse 2012)

Auch in Bezug auf das Kriterium „Ambiente" verzichtet das Mensateam der Gesamtschule Ronsdorf auf quantitative Messungen. Die Lautstärke wird, wie gesetzlich verordnet, durch eine Lärmschutzdecke gedämmt. Eine helle und offene Atmosphäre wird durch die „Panorama-Glasfront" entlang der Kopfseite des Speiseraumes und zusätzlicher Beleuchtung gewährleitet. (Alischewski & Windgasse 2012)

Dem Mensaverein gelingt es unteranderem durch andauerndes Engagement und stetiger Weiterentwicklung, eine attraktive Schulverpflegung anzubieten. Nach Angaben der Geschäftsführerin und dem Küchenleiter, basiert die gute Qualität des Verpflegungsangebotes der Gesamtschule Ronsdorf nicht auf der Erfüllung von Standards, der Ausführung quantitativer Messungen oder Zertifizierungen. Vielmehr sei es wichtig, die Ansprüche der Mensagäste durch direkten Kontakt aufzudecken und auf deren Erfüllung hinzuarbeiten. Die Einhaltung gesetzlicher Vorschriften sei dabei selbstverständlich. Die Erhebung quantitativer Messwerte und die Erfüllung von Standards, so das Mensateam, würden einerseits nicht unbedingt zur Behebung von Missständen verhelfen, wenn nicht konkrete Handlungen folgten. Andererseits sei es teilweise möglich, dass Zertifizierungen dazu führen, dass sich die Verpflegungsanbieter mit dem derzeitigen Zustand zufrieden geben und eine stetige Weiterentwicklung der Mensa ausbleibe. Somit vertraut das Team bevorzugt auf seine eigenen Erfahrungen und Wertvorstellungen, um den eigenen hohen Ansprüchen gerecht zu werden und diese im Sinne der Nachhaltigkeit gewinnbringend auszubauen. (Alischewski & Windgasse 2012)

5 Diskussion und Ausblick   (Formulierung A. Brinkmann)

Mit der Entwicklung des Bildungssystems und der verbreiteten Etablierung von Ganztagsschulen besteht eine zwingende Notwendigkeit, den Schülern und Mitarbeitern der jeweiligen Einrichtungen eine angebrachte Mittagsverpflegung anzubieten (vgl. Kap.2.1). Die Beschaffenheit des Verpflegungsangebotes stellt dabei die grundlegende Voraussetzung für das Gelingen derselben dar. Denn ohne eine attraktive Gestaltung des Essensangebotes und der Speiseräume sowie freundlichem Service wird das Angebot sehr wahrscheinlich nicht wahrgenommen. Eine Schulverpflegung ist folglich nur dann sinnvoll, wenn sie für die Zielgruppe attraktiv dargeboten wird. Auf diese Weise wird die Akzeptanz des Verpflegungsangebotes verstärkt, die Zufriedenheit der Gäste gefördert und die Wirtschaftlichkeit des Anbieters steigt. (VZ-NRW & Vernetzungsstelle Schulverpflegung NRW 2011: 17)

In der vorliegenden Arbeit wurden einige Indikatoren aufgezeigt, die das Messen von Attraktivität der Schulverpflegung ermöglichen. Auch wurde auf die Möglichkeit von Zertifizierungen zur Gewährleistung einer attraktiven Schulverpflegung eingegangen. Diese Kriterien zeigen Handlungsanweisungen auf, die die Verbreitung von attraktiver Schulverpflegung steigern und die Qualität derselben verbessern sollen. Für viele Anbieter von Schulverpflegung sind in diesem Zusammenhang veröffentlichte Checklisten und Broschüren wie der „Qualitätsstandard für die Schulverpflegung" der DGE hilfreich, um auf eine qualitativ hohe Schulverpflegung hinzuarbeiten. (VZ-NRW & Vernetzungsstelle Schulverpflegung NRW 2011: 5) Inwieweit diese und ähnliche Materialien jedoch wirklich genutzt und Handlungsansätze umgesetzt werden, ist nicht bekannt. In Bezug auf die Zertifizierung von Schulmensen konnte jedoch festgestellt werden, dass die Teilnahme noch sehr gering ist (FKE 2011:45).

Hieraus darf allerdings nicht zwangsläufig abgeleitet werden, dass alle nicht zertifizierten Essensanbieter eine schlechte Verpflegung servieren. Das Fallbeispiel des Mensavereins Gesamtschule Ronsdorf verdeutlicht, dass sich eine attraktive Schulverpflegung mit enorm hoher Teilnahmequote auch ohne quantitative Messungen und Zertifizierungen entwickeln kann. Die Basis dafür bietet im diesem Falle unter anderem die engagierte Einstellung des Verpflegungspersonals und ihrem Hauptanliegen, den Schülern eine qualitativ hochwertige Mittagsverpflegung anzubieten.

Verbesserungspotenziale werden dabei vor allem im direkten Gespräch mit allen Beteiligten aufgedeckt (vgl. Kap. 4) (Alischewski & Windgasse 2012)

Rückblickend auf die erarbeiteten Inhalte dieser Arbeit kann als persönlicher Einschätzung der Autoren festgehalten werden, dass die Etablierung einer qualitativ hochwertigen und attraktiven Mittagsverpflegung unbedingt notwendig ist. Um in diesem Zusammenhang die hohen Anforderungen zu erfüllen und die Weiterentwicklung von Schulverpflegung voranzutreiben kann es für einige Anbieter hilfreich sein, Leitfäden zur Zertifizierung von Schulverpflegung zu nutzen und sich in Folge dessen zertifizieren zu lassen. Der Aufbau eines nachhaltigen Verpflegungsangebotes auf der Grundlage einer Zertifizierung kann jedoch auch das Risiko bergen, dass sich das Angebot nicht über die vorgeschriebenen Standards hinaus entwickeln wird. Der eigenständige und individuelle Aufbau von Schulverpflegung nach ideellen Zielen sowie gelebten Normen und Werten – wie im Fallbeispiel des Mensavereins Gesamtschule Ronsdorf – und einer erst darauf aufbauenden Zertifizierung verspricht hingegen eine stetige Weiterentwicklung und eine innovative Gestaltung des Verpflegungsangebotes. Ähnlich verhält es sich mit der Durchführung quantitativer Messungen. Zum einen stellen Richtwerte im Zusammenhang mit quantitativen Messungen, wie beispielsweise die Messung der Beleuchtungsstärke in Speiseräumen (vgl. Kap. 3.1.2), lediglich Mindestanforderungen dar und nicht die individuell optimale Situation des spezifischen Verpflegungsangebotes. Zum anderen ist die Erhebung solcher Messungen nur dann sinnvoll, wenn daraufhin – wenn notwendig – auch adäquate Verbesserungsmaßnahmen umgesetzt werden.

Grundlage allen Handelns bezüglich einer nachhaltigen Schulverpflegung sollten folglich nicht ausschließlich die Zertifizierungsstandards oder die Erhebung quantitativer Messwerte sein. Es bleibt vielmehr zu hoffen, dass Schulen und Mensabetreiber in Zukunft vermehrt eigene hohe Ansprüche an das Verpflegungsangebot stellen, um dadurch die Bedürfnisse ihrer Gäste dauerhaft zu erfüllen.

Quellen

AG-Schulverpflegung, Hrsg., 2012a: *Essen in der Schule: AG Schulverpflegung legt Ergebnisse vor und gibt operativen Teil an Dienstleister ab.* [Online]: http://www.ag-schulverpflegung.de/downloads/13-PK-SV-Text-1.pdf. Zugriff am 19.05.2012.

AG-Schulverpflegung, Hrsg., 2012b: *Schulverpflegung in Deutschland: Professionell, kontrolliert und flächendeckend! Geht das? Pressekonferenz der Hochschule Niederrhein. Mönchengladbach, den 13.01.2012.* [Online]: http://www.ag-schulverpflegung.de/downloads/14-PK-HN-h6.pdf. Zugriff am 19.05.2012.

Alischewski, A.; Windgasse, M., 2012: *Persönliches Gespräch mit der Geschäftsführerin und dem Küchenleiter des Mensavereins Grundschule Ronsdorf.* Ronsdorf-Wuppertal am 30.05.2012.

a´verdis, Hrsg., 2012a: *Nachhaltig verpflegen. Philosophie.* [Online]: http://www.a-verdis.com/Nachhaltig-verpflegen.5.0.html. Zugriff am 14.05.2012.

a´verdis, Hrsg., (2012b: *Umsetzung.* [Online]: http://www.a-verdis.com/Umsetzung.11.0.html. Zugriff am 31.05.2012.

Berlakovich, N., 2009: Vorwort. In: Kaiblinger, K.; Zehetgruber, R.; Knoll. B; Szalai, E., 2009: *Esskultur an Schulen – nachhaltig und gendergerecht gestalten.* Wien: Umweltdachverband GmbH: 3.

BLE – Bundesanstalt für Landwirtschaft und Ernährung, Hrsg., 2012: *Die Vernetzungsstellen Schulverpflegung.* [Online]: http://www.inform.de/schulvernetzungsstellen/in-form-vns/alles-ueber-die-vns/aufgaben-und-ziele.html. Zugriff am 19.05.2012.

BMU – Bundesministerium für Umwelt, Naturschutz und Reaktorsicherheit, Hrsg., 2008: *Megatrends der Nachhaltigkeit. Unternehmensstrategie neu denken.* Berlin: BMU, 1. Auflage.

Braun, R.; Brutscher, S.; Winkler, G., 2011: Ist es in Schulmensen wirklich so laut? „Lärm"-Messung in Schulmensen. In: *Ernährungs Umschau* 8/2011, 58. Jahrgang: 410-415.

BVE – Bundesvereinigung der Deutschen Ernährungsindustrie, Hrsg., 2012: *Außer-Haus-Markt.* [Online]: http://www.bve-online.de/themen/branche-und-markt/ausser-haus-mark. Zugriff am 14.06.2012.

Deutsches Ernährungsberatungs- und -informationsnetz, Hrsg., 2012: *Präventiv und Akzeptiert – rundum gelungene Schulverpflegung hat ihren Preis.* [Online]: http://www.ernaehrung.de/blog/praeventiv-und-akzeptiert-rundum-gelungene-schulverpflegung-hat-ihren-preis/. Zugriff am 29.05.2012.

Deutsche UNESCO-Kommission e.V., Hrsg., 2012: *Was ist Nachhaltigkeit?* [Online]:http://www.bne-portal.de/coremedia/generator/unesco/de/02_UN-_Dekade_20BNE/01_Was_20ist_20BNE/Was_20ist_20Nachhaltigkeit_3F.html. Zugriff am 19.05.2012.

DGE – Deutsche Gesellschaft für Ernährung e.V., Hrsg., 2007: *Presse: Qualitätsstandards für die Schulverpflegung.* [Online]: http://www.dge.de/modules.php?name=News&file=article&sid=754. Zugriff am 21.05.2012.

DGE – Deutsche Gesellschaft für Ernährung, Hrsg., 2009: *Qualitätsstandards für die Schulverpflegung.* Bonn: DGE, 2. Auflage.

DGE – Deutsche Gesellschaft für Ernährung, Hrsg., 2011a: *DGE- Qualitätsstandard für die Schulverpflegung.* Bonn: DGE, 3. Auflage.

DGE – Deutsche Gesellschaft für Ernährung, Hrsg., 2011b: Situation der Schulverpflegung in Deutschland – ein Überblick. In: *DGEinfo* 09/2011: 136-139.

Eissing, G.; Terrahe, A. R.; Posthum, C.; Hartjes, L.; Gerhards, J., 2011: *Leitfaden. Gestaltung von Speiseräumen in Schulen (Raum, Organisation, Kultur).* [Online]: https://eldorado.tu-dortmund.de/bitstream/2003/27645/1/Mensaleitfaden.pdf. Zugriff am 17.05.2012.

Erdmann, L.; Sohr, S.; Behrendt, S.; Kreibich, R., 2003: *Nachhaltigkeit und Ernährung.* Berlin: IZT.

Farsky, M., 2007: *Methoden zur Messung des Markenimages: State of the Art* . [Online]: http://www.uni-hamburg.de/fachbereiche-einrichtungen/ fb03/ihm/rp38.pdf. Zugriff am 20.05.2012.

FKE – Forschungsinstitut für Kinderernährung, Hrsg., 2011: *Landesweite Erhebung zur Mittagsverpflegung in Schulen mit Ganztagsangebot in NRW 2009/2010.* [Online]: http://www.fke-do.de/ibase/module/medienarchiv/dateien/pdf/schulverpflegung/bericht_schulverpflegung_nrw_teil1.pdf. Zugriff am 24.05.2012.

Gasser, S.; Tschudy, D., 2012: *Licht im Haus. Energieeffiziente Beleuchtung.* [Online]: http://www.toplicht.ch/cert/uploads/documentation/Licht_im_Haus.pdf. Zugriff am 21.05.2012.

gv-Praxis, Hrsg., 2008: *GGKA: Fachverband warnt vor improvisierter Schulverpflegung.* [Online]: http://www.cafe-future.net/gv/branchennews/pages/GGKA-Fachverband-warnt-vor-improvisierter-Schulverpflegung_14058.html. Zugriff am 19.05.2012.

KMK – Kultursministerkonferenz, Hrsg., 2011: *Das Bildungswesen in der Bundesrepublik Deutschland 2010/2011.* Bonn: KMK.

Lebensmittellexikon, Hrsg., 2012: *Lebensmittelsensorik.* [Online]:
    http://www.lebensmittellexikon.de/l0001210.php. Zugriff am 15.05.2012.

Lülfs, F.; Spiller, A., 2006: *Kunden (un-)zufriedenheit in der Schulverpflegung:*
    Ergebnisse einer vergleichenden Schülerbefragung. Göttingen: Georg-August-
    Universität Göttingen/BMELV.

Lülfs, F; Spiller, A., 2009: Warum die Schüler nicht in die Mensa gehen: Zur Akzeptanz
    der Schulverpflegung. In: *Ernährungs Umschau* 09/2009, 56. Jahrgang: 506-
    513.

Mensaverein-Ronsdorf, Hrsg., 2012b: *Aufbau und Struktur des Mensavereins.* [Online]:
    http://www.mensaverein-ronsdorf.de/verein.html. Zugriff am 03.06.2012.

Mensaverein-Ronsdorf, Hrsg., 2012a: *Die Vorgeschichte.* [Online]:
    http://www.mensaverein-ronsdorf.de/vorgeschichte.html. Zugriff am 03.06.2012.

Mensaverein-Ronsdorf, Hrsg., 2012c: *Unsere Arbeitsweise.* [Online]:
    http://www.mensaverein-ronsdorf.de/arbeitsweise.html. Zugriff am 03.06.2012.

Möser, M., Hrsg., 2010: *Messtechnik der Akustik.* Berlin: Springer Verlag.

Oltersdorf, U., 2009: *Sensorische Bewertungsmethoden.* [Online]:
    http://ernaehrungsdenkwerkstatt.de/fileadmin/user_upload/EDWText/TextEleme
    nte/Lebensmittel/Sensorik-Geschmack_01/Sensorische_Bewertung_
    Methoden_Infos_OLT_04_04_09.pdf. Zugriff am 15.05.2012.

Pelz, K., 2011: Qualitätsstandards für die Schulverpflegung. In: Methfessel, B.; Schön-
    berger, G., Hrsg., 2011: *Mahlzeiten III.* Wiesbaden: Verlag für Sozialwissen-
    schaften; Springer Verlag: 151-154.

Roehl, R.; Strassner, C., 2010: Buddhistische Eskimos im Kommen. In: gv-praxis Spe-
    cial, Hrsg., 2010: *Nachhaltiges Bauen, Investieren, Beschaffen & Betreiben*
    02/2010: 36-41.

Roehl, R.; Strassner, C., 2012: *Inhalte und Umsetzung einer nachhaltigen Verpflegung.*
    Münster: Fachhochschule Münster/Institut für Berufliche Lehrerbildung.

UK-NRW – Unfallkasse Nordrhein-Westfalen, Hrsg, 2010: *Sichere Schule. Klassen-*
    raum. [Online]: http://www.sichere-
    schule.de/klassenraum/_docs/klassenraum.pdf. Zugriff am 25.05.2012.

VZ- NRW – Verbraucherzentrale Nordrhein-Westfalen; Vernetzungsstelle Schulver-
    pflegung NRW, Hrsg., 2011: *Schule isst gesund. Schritt für Schritt zu einer op-*
    timalen Mittagsverpflegung. Düsseldorf: VZ-NRW, Vernetzungsstelle Schulver-
    pflegung NRW.

VZ- NRW – Verbraucherzentrale Nordrhein-Westfalen, Hrsg., 2012: *Zertifizierungen in der Schulverpflegung*. [Online]: http://www.vz-nrw.de/UNIQ133801530208371/link956421A.html. Zugriff am 25.05.2012.

Vernetzungsstelle Schulverpflegung Bayern, Hrsg., 2012: *Einfluss der Warmhaltezeit auf die ernährungsphysiologische und sensorische Qualität des Mittagessens*. [Online]: http://www.schulverpflegung.bayern.de/fachliches/warmhaltezeit.html. Zugriff am 22.05.2012.

Winkler, G., 2010: In der Schule esse ich gerne! So wird Mittagsschulverpflegung langfristig attraktiv. In: *Schule und Beratung* 11/2010: V7-V10.

Winter, S., 2000: *Quantitative vs. Qualitative Methoden*. [Online]: http://imihome.imi.uni-karlsruhe.de/nquantitative_vs_qualitative_methoden_b.html. Zugriff am 19.05.2012.